Captain Clever

Vorschule

Rechnen lernen

W0325919

Brigitte Winkenbach

Sonderausgabe

© Genehmigte Sonderausgabe

Alle Rechte vorbehalten. Nachdruck, auch auszugsweise,
nur mit ausdrücklicher Genehmigung des Verlages gestattet.

Illustrationen Captain Clever: Franz Gerg
Illustrationen: Doris Oppenauer
Gestaltung: Axel Ganguin
Umschlaggestaltung: Bettina Weisl

ISBN 978-3-8174-6918-5
5169181

Vorwort

Ahoi, ihr Landratten!

Ich bin Captain Clever, ein mutiger und schlauer Pirat. Gemeinsam mit meiner Crew unternehme ich viele aufregende Fahrten. Damit alles glattgeht, muss ich eine ganze Menge können. Willst du bei mir anheuern und mit mir das Rechnen üben?

Mithilfe der spannenden Übungen kannst du die Zahlen von **1** bis **10** trainieren. Deine Lösungen kannst du am Ende des Heftes kontrollieren.

Zwischendurch habe ich dir immer wieder eine Rätselseite eingestreut. Hier kannst du deine Konzentrationsfähigkeit verbessern und Spaß machen sie außerdem.

Volle Kraft voraus!

Inhalt

1. Aufgabe

Captain Clever hat einen neuen Freund, den Igel, der ihm die Zahl **1** beibringt. Der Igel zeigt auch dir, wie du die **1** schreibst.

✎ Fahre die Zahl mit deinen Stiften dreimal nach!

Die 1

2. Aufgabe

Captain Clever mag besonders die Stacheln vom Igel.

✎ Male die Stacheln vom Igel braun nach!

✎ Fahre die 1 nach und schreibe die Zeile zu Ende!

1 1 1 1 1

3. Aufgabe

Captain Clever liebt geheime Botschaften. Er hat dir ein Rätsel gezeichnet.

✎ Male alle Felder, in denen du eine **1** findest, gelb an! Was erkennst du?

4. Aufgabe

Auf Captain Clevers Insel gibt es viele Tiere.

✎ Schau genau und umkreise die Tiere, die nur einmal vorkommen!

5. Aufgabe

Captain Clever freut sich. Zwei Schwäne kommen zu Besuch. Die Sonne scheint auf ihren Kopf und ihren Rücken. Erkennst du die 2?

✎ Fahre die Zahl 2 mit deinem Finger nach!

6. Aufgabe

Zu den Schwänen gesellen sich viele Fische.

✏ Immer zwei Fische haben das gleiche Muster. Male die Paare jeweils gleich an!

7. Aufgabe

Captain Clever hängt für die Schwäne Girlanden auf. Hilfst du ihm dabei?

- Male die Girlanden fertig!
- Male auch blaue Wellen!

8. Aufgabe

Es kommen immer mehr Schwäne,
um Captain Clever zu besuchen.

✎ Male die 2 gelb nach!
✎ Male noch mehr Schwäne!

✎ Fahre die hellen 2 nach und vollende die Zeile!

2 2 2 2 2

9. Aufgabe

Lecker! Captain Clever spendiert Eis für alle seine Freunde. Jeder bekommt 3 Kugeln.

✎ Male jeweils die 3 Eiskugeln bunt an!

10. Aufgabe

Uli, Susi, Tim und Tom mögen kein Eis. Jeder von ihnen bekommt dafür drei verschiedene Stücke Obst.

✎ Umkreise immer 3 unterschiedliche Obstsorten!

11. Aufgabe

Oh, zwei Kugeln Eis wurden schon gegessen.

✎ Mache die drei Eistüten wieder vollständig!

✎ Übe hier, die 3 selbstständig zu schreiben!

3 3 3 3 3

Ausschnitt finden

Auf einem Piratenschiff wird immer viel musiziert.

✎ Welchen der drei Ausschnitte kannst du im Bild finden?

1

2

3

12. Aufgabe

Captain Clever möchte seinem Lieblingsschwan eine Kette schenken, aber diese ist noch nicht ganz fertig.

✎ Male das Muster richtig weiter!

✎ Übe noch einmal die 1, die 2 und die 3!

1 2 3 1 2 3

Die 4

13. Aufgabe

Am Abend kommen die großen Schiffe von ihrer langen Fahrt um die Insel zurück.

✎ Zähle die Schiffe!
Es sind 4.
✎ Jedes Schiff hat
4 Segel. Zähle!

✎ Schreibe die 4 mehrmals nach!

4 4 4 4 4

14. Aufgabe

Am Abend haben alle riesigen Hunger.
Der Koch hat viele Würstchen gebraten.

✎ Umkreise immer 4 Würstchen!

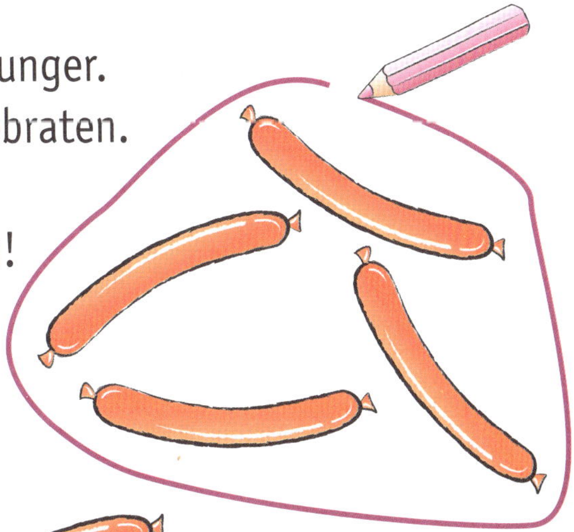

15. Aufgabe

Oh Schreck, die Würstchen haben nicht gereicht.

✏ Male die fehlenden Würstchen! Jeder soll 4 haben.

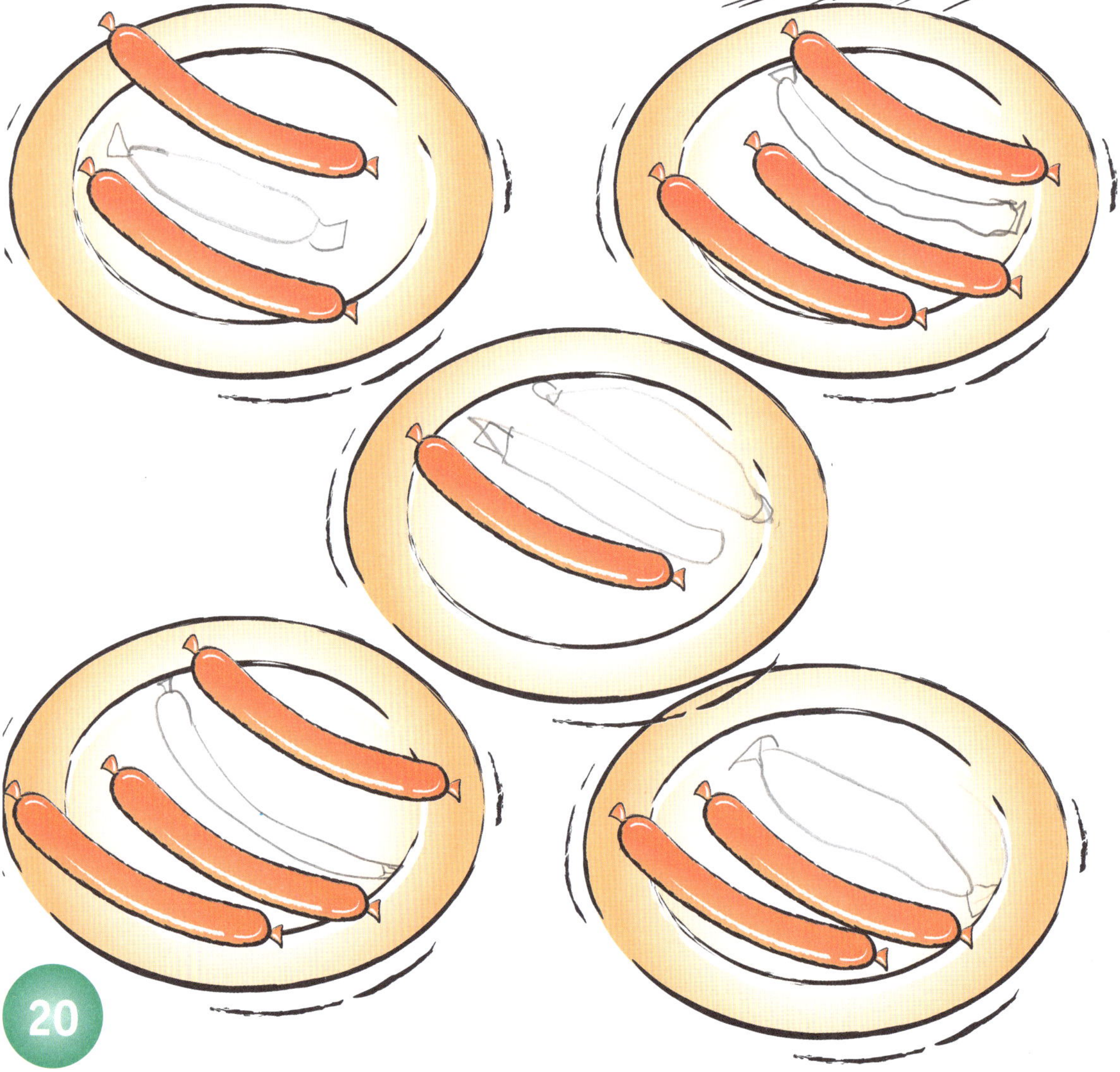

16. Aufgabe

Am nächsten Tag scheint die Sonne und alle Segelboote sind auf dem Wasser.

✏ Hast du die 4 im Segel entdeckt? Male sie nach!

✏ Male jedem Boot 4 Bullaugen!

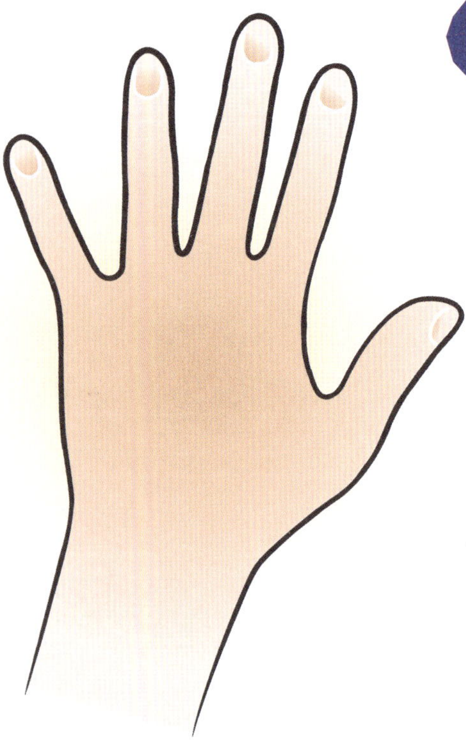

17. Aufgabe

Das ist Captain Clevers Hand.
Lege deine Hand darauf. Ist sie größer oder kleiner?

Das sind 1 2 3 4 5 Finger.

✎ Male die 5 mehrmals nach!

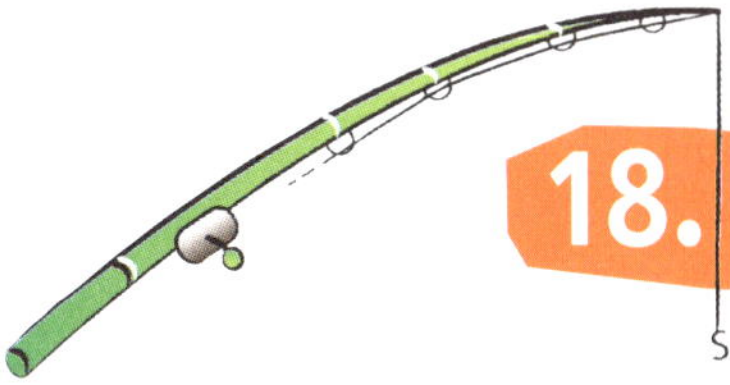

18. Aufgabe

Captain Clever und seine Freunde haben Fische gefangen.
Wer hat genau 5 gefangen?

✎ Zähle und kreuze an!

✎ Übe hier noch einmal, die 5 zu schreiben!

5 5 5 5 5

19. Aufgabe

Captain Clever mag die Zahl 5. Von allem möchte er am liebsten immer 5 haben.

✏ Male immer 5 an!

20. Aufgabe

Oma Eugenia arbeitet im Garten. Die 5 frechen Enten picken die Samen auf.

✎ So kannst du rechnen: 2 plus 3 sind zusammen 5. Kannst du auch anders rechnen?

2 + 3

4 +

 +

 +

Ausmalbild

Der Schiffsjunge Piet muss das Deck schrubben.

✎ Male das Bild aus, wie es dir gefällt!

21. Aufgabe

Oma Eugenia holt sich Hilfe. 6 Katzen laufen im Garten herum und bewachen die Beete.

✏ Schreibe die 6 mehrmals nach!

Die 6

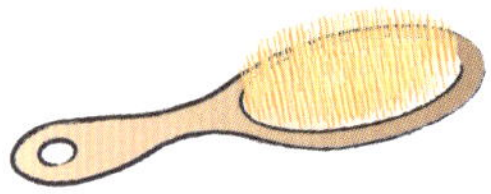

22. Aufgabe

Nun hat Oma Zeit und macht sich die Haare schön. Ihre Locken sehen aus wie die 6.

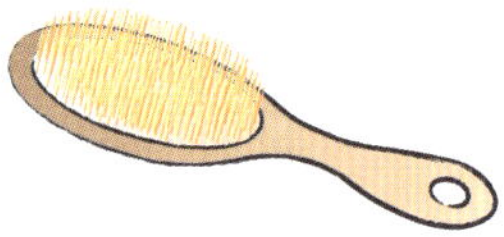

✎ Male Oma Eugenia viele Locken!

✎ Übe weiter, die 6 zu schreiben! Fahre nach und ergänze!

6 6 6 6 6

23. Aufgabe

Die Blumen in Omas Garten wachsen und blühen.

✎ Male einen Blumenstrauß mit 6 bunten Blumen!

24. Aufgabe

Diese Beete sind Omas ganzer Stolz.

✎ Zähle und verbinde!

3

5

1

6

4

2

25. Aufgabe

Marienkäfer sind die besten Freunde von Captain Clevers Papagei. Das sind 7 Marienkäfer.

✎ Zähle nach: Jeder hat genau 7 Punkte!

✎ Male die 7 mehrmals nach!

26. Aufgabe

Oh Schreck, die Käfer haben im Regen Punkte verloren.

✎ Male die fehlenden Punkte!
Jeder Käfer soll 7 Punkte haben.

✎ Übe hier, die 7 selbstständig zu schreiben! Fahre nach und beende die Reihe!

7 7 7 7 7

27. Aufgabe

Die 7 Zwerge besuchen Captain Clever. Der Papagei deckt den Tisch. Das ist viel Arbeit.

Er braucht 7 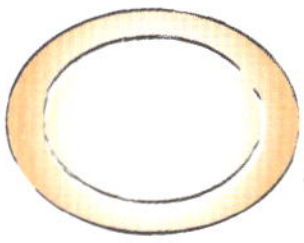, 7  und 7 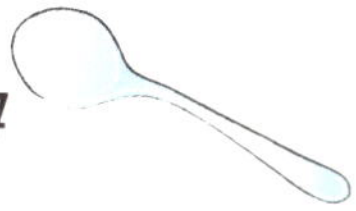 .

Hilf dem Papagei! Decke den Tisch und male!

28. Aufgabe

Die Zwerge haben Muscheln gesammelt.

✎ Zähle und schreibe auf, wie viele Muscheln jeder Zwerg gesammelt hat!

29. Aufgabe

Der Krake hat 8 Beine.

✎ Zähle nach und male dem Kraken einen bunten Ring an jedes Bein!

Die 8

30. Aufgabe

Captain Clever ist ein guter Surfer.

✎ Sause mit ihm über die Wellen der Acht! Erst ganz langsam und dann immer schneller.

31. Aufgabe

Sieh dir diese frechen Mäuse an! Sie haben Captain Clevers Seile durcheinandergebracht.

✎ Wenn du eine 8 entdeckst, fahre sie nach! Wie oft hast du die 8 entdeckt?

✎ Übe hier die 8! Fahre nach und ergänze!

8 8 8 8 8

Vergleichsbild

So sieht es auf Captain Clevers Insel aus.

Oh, im unteren Bild haben sich 5 Fehler versteckt. Findest du sie?

32. Aufgabe

Welcher Anker gehört zu welchem Schiff?

✏ Zähle die Bullaugen und verbinde richtig!

Die 9

33. Aufgabe

Captain Clever und seine Freunde kegeln gerne mit 9 Kegeln.

✎ Fahre die 9 mehrmals nach!

✎ Übe nun, die 9 selbstständig zu schreiben!

9 9 9 9 9

34. Aufgabe

Hast du auch schon einmal gekegelt?

✎ Male die Kegel so an:

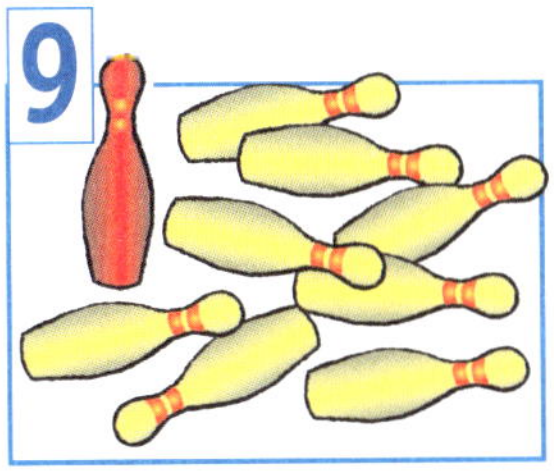

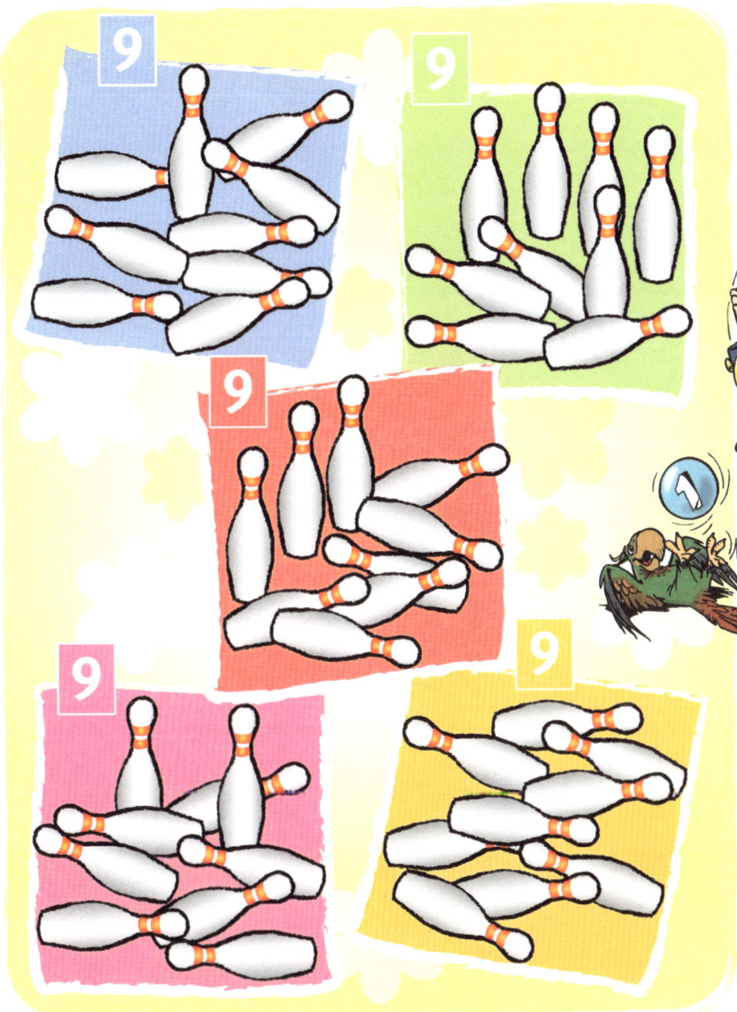

35. Aufgabe

Die Delfine machen dir ein Kunststück vor.

Trage die fehlenden Zahlen ein!

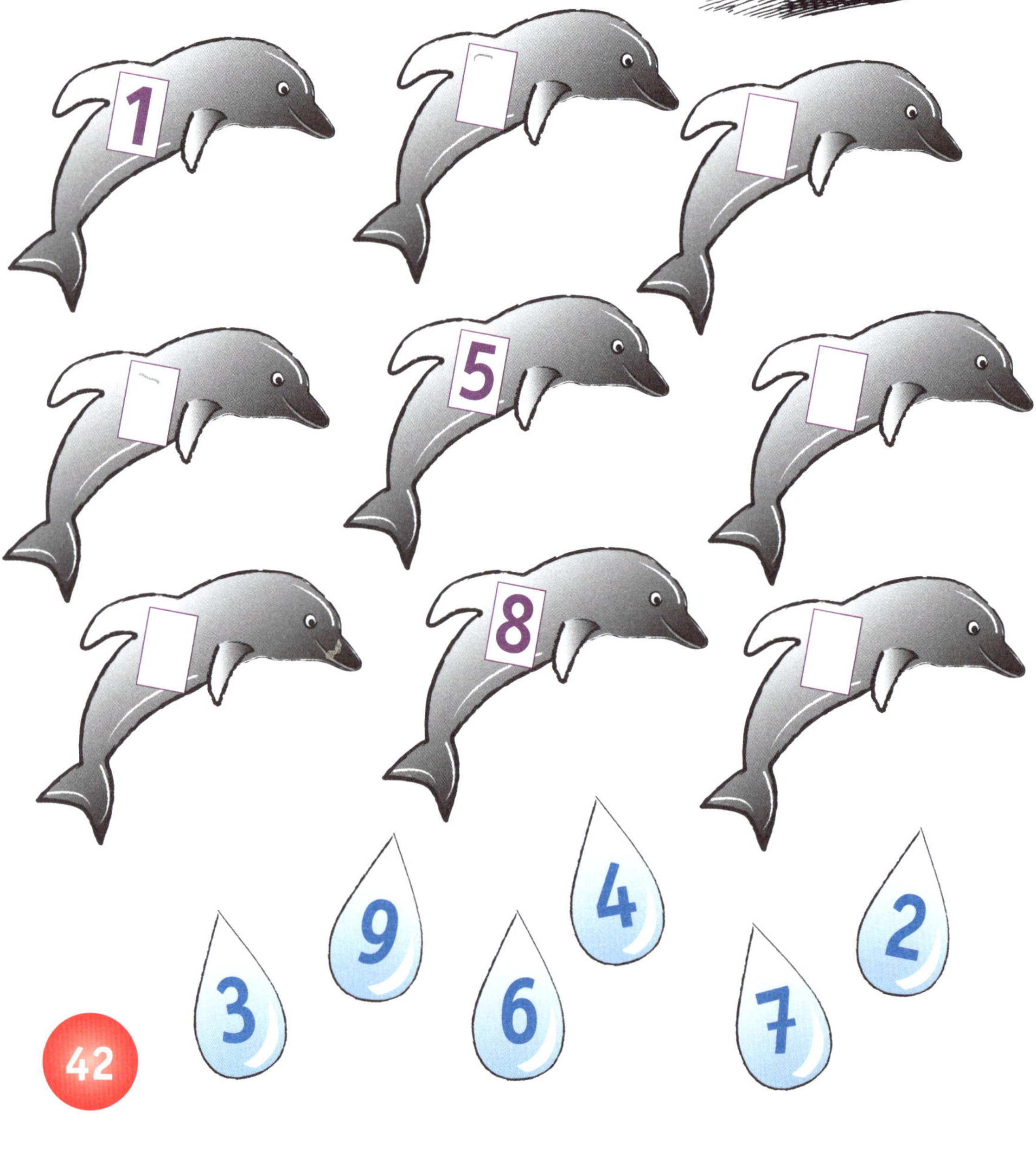

36. Aufgabe

Auch die Robben können tolle Kunststücke.

✎ Zähle die Robben zusammen und schreibe die Zahlen!

5 + 4 = 9

8 + ___ = ___

___ + ___ = ___

37. Aufgabe

9 kleine Schiffe, die fuhren übers Meer.
9 kleinen Schiffen, denen fiel das gar
nicht schwer.
Doch ein Schiff muss nach Hause fahrn.
Es hat nur Quatsch gemacht.
Da warn es nur noch 8.

8 kleine Schiffe, die fuhren übers Meer.
8 kleinen Schiffen, denen fiel das gar
nicht schwer.
Ein Schiff fuhr nach Afrika
und ist auch dort geblieben.
Da warn es nur noch 7.

7 kleine Schiffe, die fuhren übers Meer.
7 kleinen Schiffen, denen fiel das gar
nicht schwer.
Doch ein Schiff muss nach Hause fahrn.
Die Möwe macht nen Riesenklecks.
Da warn es nur noch 6.

6 kleine Schiffe, die fuhren übers Meer.
6 kleinen Schiffen, denen fiel das gar
nicht schwer.
Doch ein Schiff muss nach Hause fahrn.
Es hatte nasse Strümpf.
Da warn es nur noch 5.

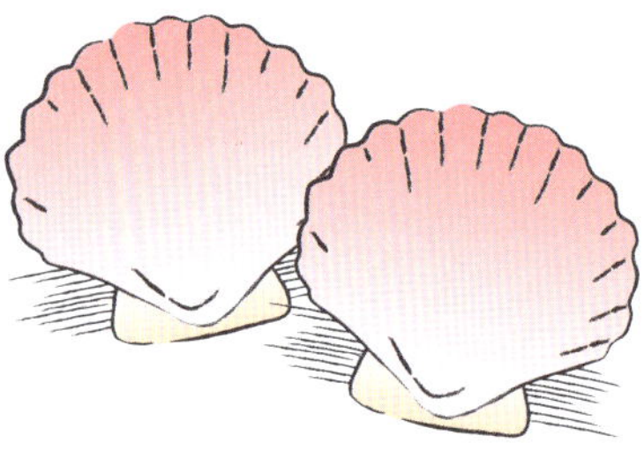

5 kleine Schiffe, die fuhren übers Meer.
5 kleinen Schiffen, denen fiel das gar
nicht schwer.
Doch ein Schiff muss nach Hause fahrn.
Hat an Deck lauter Getier.
Da warn es nur noch 4.

4 kleine Schiffe, die fuhren übers Meer.
4 kleinen Schiffen, denen fiel das gar
nicht schwer.
Doch ein Schiff muss nach Hause fahrn.
Das Segel war entzwei.
Da warn es nur noch 3.

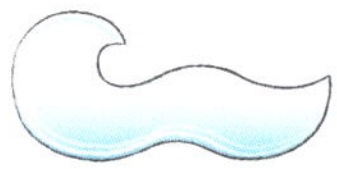

3 kleine Schiffe, die fuhren übers Meer.
3 kleinen Schiffen, denen fiel das gar
nicht schwer.
Doch ein Schiff muss nach Hause fahrn.
Es war so schwer wie Blei.
Da warn es nur noch 2.

2 kleine Schiffe, die fuhren übers Meer.
2 kleinen Schiffen, denen fiel das gar
nicht schwer.
Doch ein Schiff muss nach Hause fahrn.
Ich glaub, es war der Heinz.
Da war es nur noch 1.

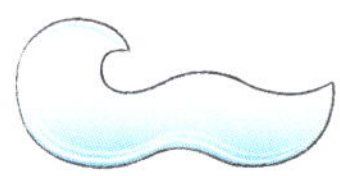

1 kleines Schifflein, das fuhr übers Meer.
Doch alleine zu fahren, fiel ihm viel zu schwer.
1 kleines Schifflein, das fährt nun auch nach Haus
und die Geschichte der Schiffe ist jetzt aus.

Suche auf dem Bild immer das Schiff, das wieder nach Hause fährt, und streiche es durch!

Die 0

38. Aufgabe

Die Fische, die schwimmen hin und her
und sehen kein einziges Schifflein mehr.

✎ Fahre die 0 mehrmals nach!

39. Aufgabe

So ganz alleine sind die Fische ganz schön aufgeregt.

✎ Male den Fischen Luftblasen!

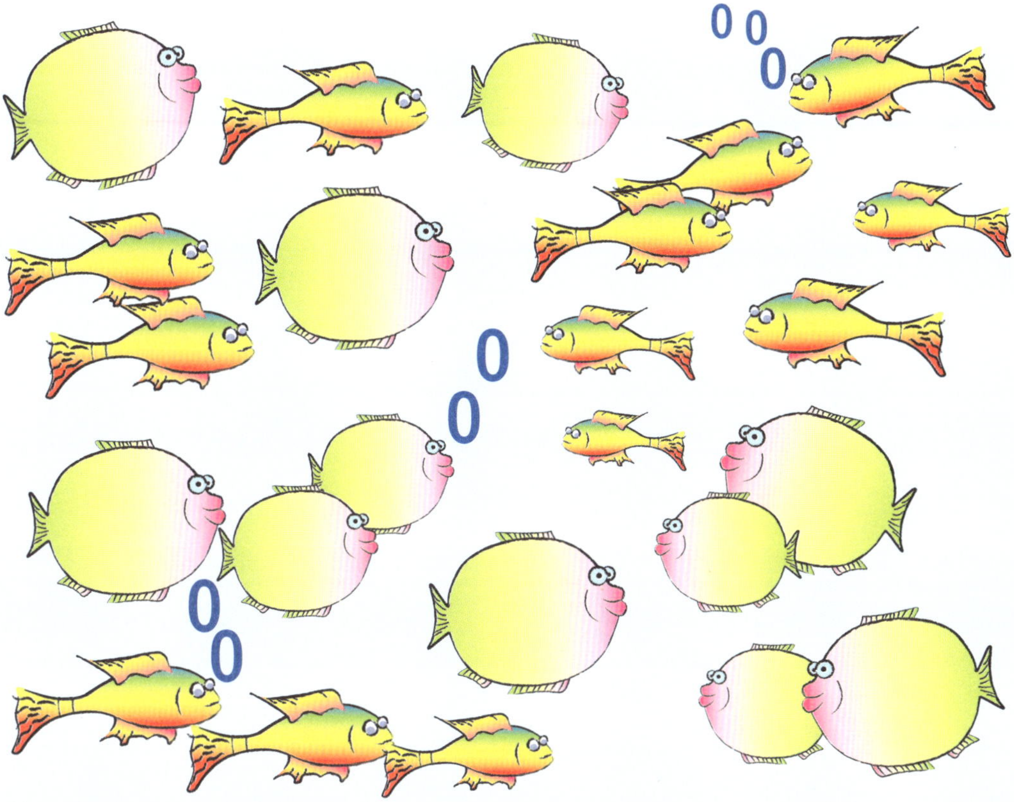

✎ Übe nun, die 0 zu schreiben!

0 0 0 0 0

Gleiche suchen

So schöne Fische schwimmen im Meer um Captain Clevers Insel.

✎ Zwei Fische sind der Form und Farbe nach identisch. Welche sind es?

40. Aufgabe

Captain Clevers Freund, der Affe Lulu, liebt Bananen.
Er hat 5 Bananen gesammelt.
2 Bananen isst er auf.

✎ Streiche die beiden Bananen durch!

Er hat 3 Bananen übrig. Das kannst du so schreiben:

$$5 - 2 = 3$$

41. Aufgabe

Lulu und sein Bruder Oli lieben auch Äpfel. Sie haben 6 Äpfel gesammelt. 3 Äpfel essen sie auf.

✎ Streiche die 3 Äpfel durch!

Sie haben ☐ Äpfel übrig.

✎ Rechne!

6 – 3 = 3

42. Aufgabe

Am Strand kannst du viele Sachen finden.

✎ Rechne aus! Bei + musst du zusammenzählen.

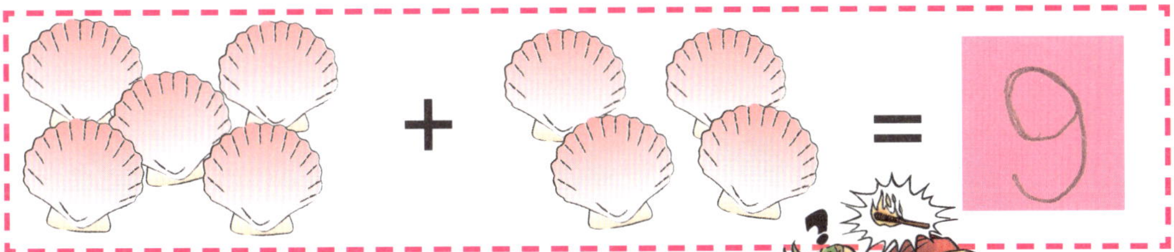

43. Aufgabe

Die Maus hat riesengroßen Hunger.

✎ Rechne! Bei – musst du etwas wegnehmen.
Streiche es am besten immer durch.

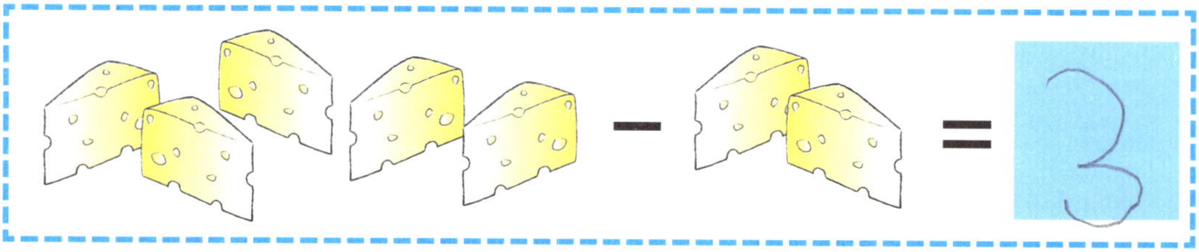

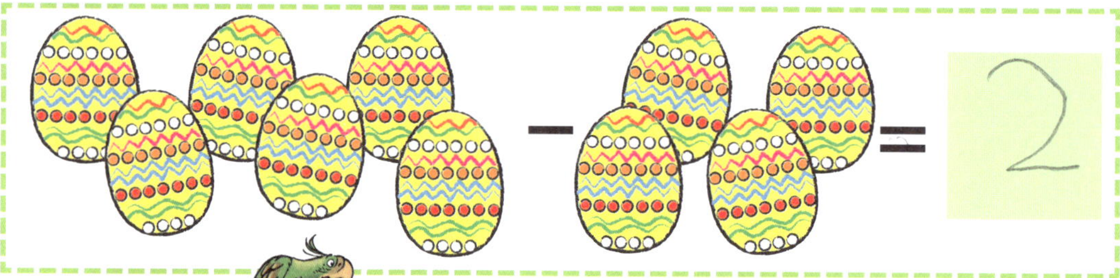

44. Aufgabe

Jetzt hast du sogar schon die **10** erreicht. Die kannst du leicht schreiben, denn die **1** und die **0** kennst du schon.

✏ Fahre die **10** mehrmals nach!

✏ Übe hier weiter, die **10** zu schreiben!

10 10 10

45. Aufgabe

Capatin Clever hat große Wäsche.

✎ Male die Hosen in der gegebenen Reihenfolge weiter an!

✎ Male immer die entsprechende Farbe unter die Zahl!

1	5	2	7	6	3	8	9	10	4

46. Aufgabe

Auch Captain Clevers tierische Freunde üben das Zählen.

Wer steht vor der richtigen Zahlenreihe? Kreuze an!

1 3 4 2 5 6 7 8 9 10

1 2 3 4 6 5 7 8 9 10

1 2 3 4 5 7 6 8 9 10

1 2 3 4 5 6 7 9 8 10

1 2 3 4 5 6 7 8 9 10

47. Aufgabe

Captain Clever geht am Strand spazieren. Wen trifft er da?

✎ Verbinde die Zahlen von 1 bis 10 und du erkennst es!

48. Aufgabe

Die Puzzleteile wurden nach einem starken Sturm angeschwemmt.

✏ Immer zwei Puzzleteile ergeben zusammen **10**. Verbinde!

49. Aufgabe

Captain Clever hat sich eine Belohnung verdient. Er darf sich eine der Schatzkisten aussuchen. Klar, er nimmt die mit den meisten Goldstücken.

✎ Welche ist das?

Labyrinth

Captain Clever und seine Freunde sind große Schatzsucher.

✎ Welches Kind ist auf dem richtigen Weg zur Schatztruhe?

Lösungen

3. Aufgabe:

4. Aufgabe:

6. Aufgabe:

10. Aufgabe:

12. Aufgabe:

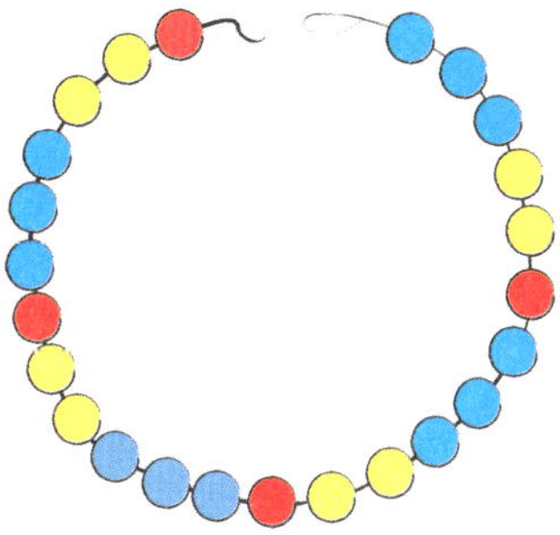

14. Aufgabe:

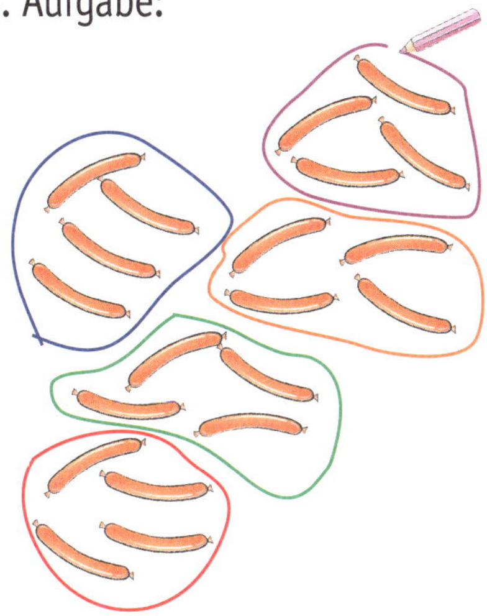

15. Aufgabe:

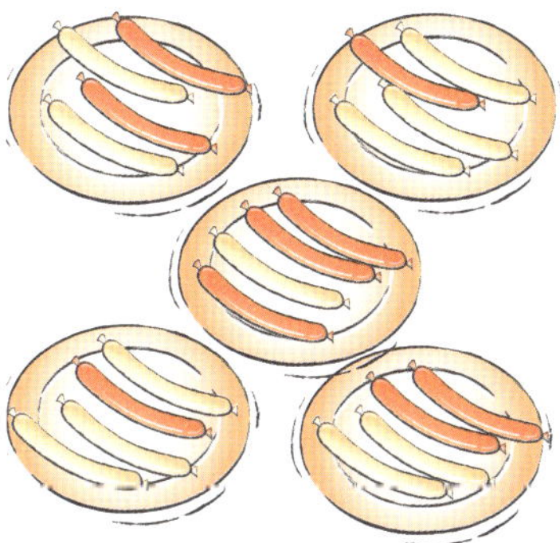

18. Aufgabe:  4,  **5**,  6,  **5**,  4

Lösungen

19. Aufgabe:

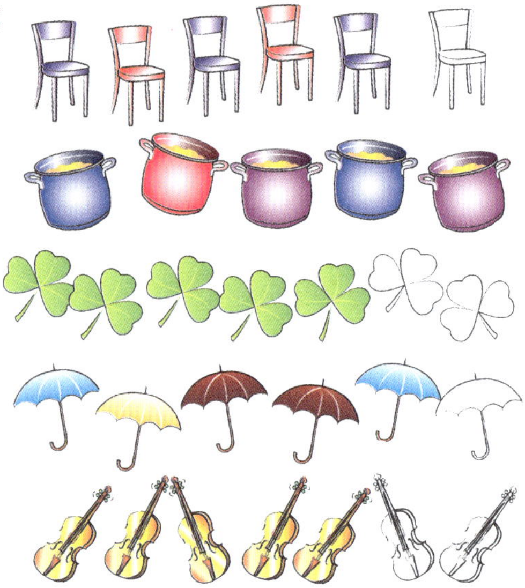

20. Aufgabe: (von links nach rechts:) 2 + 3 = 5; 4 + 1 = 5; 1 + 4 = 5; 3 + 2 = 5

23. Aufgabe:

24. Aufgabe:  – 5 ;  – 6 ;  – 4 ;

 – 3 ;  – 1 ;  – 2

26. Aufgabe: Alle Marienkäfer sollen 7 Punkte haben: 

28. Aufgabe: a) 6; b) 7; c) 7; d) 7; e) 6; f) 5; g) 5

31. Aufgabe: Die 8 ist 8-mal zu entdecken.

32. Aufgabe: (von oben nach unten:) 5; 7; 8; 4; 6

35. Aufgabe: (von links nach rechts:) 1; 2; 3; 4; 5; 6; 7; 8; 9

36. Aufgabe: 5 + 4 = 9; 8 + 1 = 9; 6 + 3 = 9

41. Aufgabe: Sie haben 3 Äpfel übrig. 6 – 3 = 3

42. Aufgabe:  4 + 2 = 6;  3 + 3 = 6; 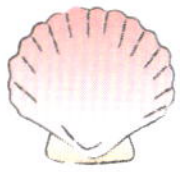 5 + 4 = 9;  3 + 2 = 5

43. Aufgabe:  5 – 2 = 3;  4 – 1 = 3;  6 – 4 = 2;  4 – 4 = 0

45. Aufgabe:

1	5	2	7	6	3	8	9	10	4

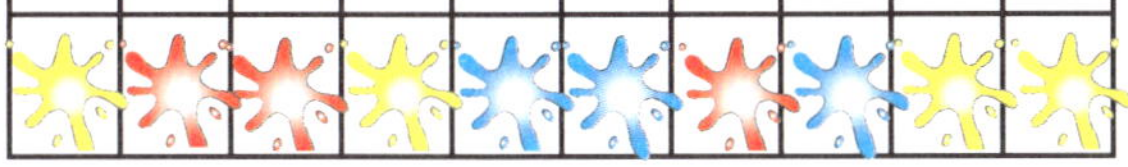

46. Aufgabe: Das Känguru steht vor der richtigen Zahlenreihe.

47. Aufgabe:

48. Aufgabe:

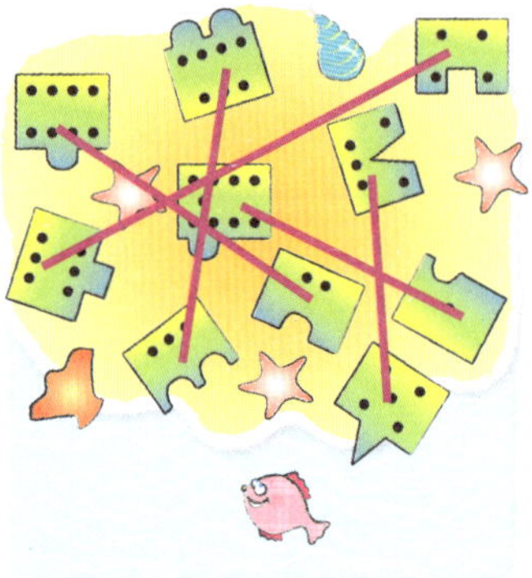

49. Aufgabe: Die oberste Schatztruhe hat die meisten Goldstücke, nämlich 10. Die mittlere hat 8, die unterste hat 9.

Spiel & Spaß

S. 16: Ausschnitt 2 ist im Bild zu finden.

S. 38:

S. 48:  , 

S. 59: